AF596776

ARITHMÉTIQUE

ÉLÉMENTAIRE ET RAISONNÉE.

ARITHMÉTIQUE

ÉLÉMENTAIRE ET RAISONNÉE,

par J. B. Payan, Fd;

OUVRAGE

PARTICULIÈREMENT ADRESSÉ AUX CHEFS D'INSTITUTION.

PRIX : 1 FR. 25 C.

A PARIS,

Chez MM. FOURNEUX, libraire, quai des Augustins, n° 13;
AMABLE GOSSELIN, libraire, rue des Fossés-Montmartre, n° 2.

IMPRIMERIE DE J. L. BELLEMAIN, RUE SAINT-DENIS, N° 268.

1827.

Cet ouvrage se trouve à Paris, chez MM.

HUBERT, libraire, au Palais-Royal.
LEDOYEN, libraire, au Palais-Royal.
VERDIÈRE, libraire, quai des Augustins, n. 25.
COLAS, libraire, rue Dauphine, n. 32.
Au Cabinet de lecture passage Véro-Dodat, n. 1.
Strasbourg, chez M. LAGIER, libraire.
Lyon, chez MM. PERISSE frères, libraires.

AVERTISSEMENT.

Ce Recueil, outre qu'il sert à exercer les élèves dans la résolution des questions qu'on peut leur proposer sur les règles de l'arithmétique, a encore un autre objet, celui d'épargner au professeur la peine d'un résumé que les progrès toujours lents de l'élève rendent indispensable, et à ce dernier, l'étude des détails qui, loin d'accélérer le dévelop-pement de ses idées, ne servent, au contraire, qu'à surcharger sa mémoire. C'est au professeur de suppléer, autant qu'il est en lui, à des déve-loppemens que ne nous permettent pas les bornes que nous nous sommes prescrites, par des expli-cations à la portée de ses élèves. Pour nous, nous contractons l'obligation d'y faire les changemens qu'on jugera convenables, et nous recevrons toujours avec reconnaissance les observations qu'on voudra bien nous faire.

J. B. Payan Gd.

ARITHMÉTIQUE

ÉLÉMENTAIRE ET RAISONNÉE.

NOTIONS PRÉLIMINAIRES.

L'arithmétique est la science des nombres; mais on ne saurait se former une idée exacte des nombres, sans un terme auquel on puisse les comparer, quand ils représentent des quantités de même espèce. Ce terme est l'unité, quantité prise, le plus souvent arbitrairement, pour servir de terme de comparaison entre toutes les quantités de même espèce; par exemple, quand je dis, ce bâton est long de trois pieds, le pied est l'unité à laquelle je compare la longueur de ce bâton.

Si, en énonçant ainsi un nombre, on l'applique à quelque espèce de choses, comme trois pieds dans l'exemple précédent, ce nombre est dit concret; si, au contraire, on énonce simplement le nombre comme trois, quatre, vingt, etc., il est dit nombre abstrait.

DE LA NUMÉRATION.

La première chose que doit faire l'élève, en étudiant les élémens de l'arithmétique, et avant de passer à ses quatre opérations fondamentales, c'est de s'exercer à écrire les nombres, tantôt en chiffres, tantôt en français, et à les traduire de l'une de ces langues dans l'autre. C'est la numération ou « l'art d'énoncer les nombres et de les représenter au moyen de certains caractères apppelés chiffres; » ces chiffres, au nombre de dix, s'énoncent et s'écrivent comme il suit :

Un	deux	trois	quatre	cinq	six	sept	huit	neuf	zéro.
1	2	3	4	5	6	7	8	9	0

C'est au moyen de ces dix caractères seulement qu'on est parvenu à représenter toutes les quantités possibles : pour cela on est convenu de deux choses. La première, est que de dix chiffres ou unités premières, on en formerait une seconde, à laquelle on donnerait le nom de dixaine, et qu'on compterait par dixaines comme par unités, et que, de la collection de dix unités de cette seconde espèce, on en formerait une troisième, à laquelle on donnerait le nom de centaine, parce que dix fois dix font cent; mais qu'on distinguerait ces dernières et les précédentes des premières par la place qu'on leur ferait occuper à leur gauche. C'est ainsi que pour représenter la quantité quatre-vingt-dix-huit, qui contient 9 dixaines et 8 unités, on écrit 98, et pour représenter sept cent six, qui contient 7 centaines et 6 unités, on écrit 706, ayant soin de remplacer les dixaines qui manquent par 1 zéro, dont l'usage est de représenter les unités intermédiaires quelconques qui manquent dans une quantité, et de déterminer les chiffres suivans à exprimer leur juste valeur. C'est par un procédé semblable, et au moyen de ces deux conditions suivantes seulement, qu'on est parvenu à représenter toutes les quantités possibles.

Pour énoncer un nombre proposé, on est convenu qu'à partir de la droite vers la gauche, on le partagerait, par la pensée, en tranches de trois en trois chiffres, et que chacune de ces tranches ou unités ternaires porterait le nom des unités de moindre espèce qui composent la tranche, de cette sorte : unités, mille, millions, billions, trillions, quatrillions, quintrillions, etc., ayant soin de renfermer toujours trois chiffres dans une seule tranche, à l'exception de la dernière tranche à gauche, qui peut n'en avoir que deux et même un seul.

DES DÉCIMALES.

Pour avoir une idée exacte des décimales, on conçoit l'unité première divisée en dix parties égales appelées dixièmes, celles-ci, en dix autres appelées centièmes et ainsi de suite. Quant à la manière de les énoncer, elle est la même que celle des nombres entiers, c'est-à-dire qu'après s'être assuré de l'espèce des décimales représentées par le dernier chiffre décimal à la droite, on les sépare par tranches de trois en trois chiffres, que l'on énonce comme ci-dessus pour les nombres entiers, ayant soin, en les énonçant, d'ajouter, à la fin, le nom des décimales de la dernière espèce, en leur conservant toujours la terminaison, ième; dixièmes, centièmes, millièmes, dix-millièmes, cent-millièmes, etc....; et, si l'on n'avait à énoncer que des quantités décimales, sans nombres entiers, on les déterminerait à exprimer leur juste valeur en les faisant précéder d'un zéro suivi d'une virgule. On voit par là que, sans autre transformation de l'énoncé que le déplacement de la virgule, un nombre devient dix fois plus grand ou plus petit s[illegible] l'on avance cette figure d'un rang vers la droite ou vers la gauche.

L'on n'a rien à ajouter à ce que dit Bezout de l'unité, des nombres, de la numération, des décimales, de l'addition et de la soustraction; d'ailleurs, on suppose que l'élève possède les premiers élémens de l'arithmétique, et le professeur doit suppléer, dans ses leçons, à des détails qui surchargeraient inutilement la mémoire de l'élève et ralentiraient ses progrès.

DE L'ADDITION.

Étant données plusieurs quantités de même espèce, abstraites ou concrètes, complexes ou incomplexes, on aura leur somme par un procédé connu, qui consiste à ajouter successivement les unités de chaque espèce des quantités proposées les unes avec les autres; ce procédé est l'addition : opération qui a pour but d'exprimer, par un seul nombre appelé somme, la valeur totale de plusieurs nombres de même espèce.

Soient les quantités suivantes :

```
 34809
  7398
 48273
 -----
 90480
 -----
 21120
 -----
```

Après avoir écrit les unités de chaque espèce dans une même colonne verticale, on cherche d'abord la somme des unités de la plus petite espèce, que l'on place sous cette ligne, si elle n'en renferme pas un nombre suffisant pour en composer une de celles à sa gauche; dans le second cas, on n'écrit que l'excès de ce nombre, et l'on porte à la colonne supérieure autant d'unités que ce nombre est contenu de fois dans la somme inférieure; par exemple, la somme 20 des unités, dans l'exemple précédent, où l'on voit que je pose un zéro pour remplacer cette somme, et que je porte deux unités de dixaines aux dixaines, parce que dix unités simples composent une unité de dixaines, et que dans la somme 20 ce nombre y est contenu deux fois. J'opère de même sur les colonnes supérieures, et j'ai pour somme des trois quantités proposées, celle-ci 90480.

La même chose s'observe à l'égard des nombres complexes, seulement il faut faire attention aux diverses espèces d'unités auxquelles se rapportent les parties dont ils sont composés.

Exemple d'addition complexe.

34 ans,	3 mois,	7 jours.
7	7	8
15	6	29
57.	5.	14.
23.	2.	7.
34.	3.	7.

Sachant que l'année commune est de 12 mois, et le mois de 30 jours, on conçoit qu'après avoir additionné les jours, on devra retenir autant d'unités de mois que leur somme contiendra de fois le nombre trente, et dans la somme des mois autant d'unités d'année que celle-ci contiendra de fois le nombre 12. Il en est de même de toutes les quantités qu'on proposerait pour être ajoutées.

La preuve de la première de ces opérations consiste « à retrancher successivement de la somme des nombres » ajoutés toutes les parties de ces nombres, et, si l'opé- » ration a été bien faite, on ne doit trouver aucun » reste. »

Celle de la seconde espèce, dans le 2e exemple, s'exécute en réunissant de nouveau toutes les quantités proposées, la supérieure exceptée, et à retrancher cette dernière somme de la première; si l'opération a été bien faite, l'excès de la première somme obtenue sur la seconde doit égaler la quantité négligée.

DE LA SOUSTRACTION.

La soustraction est une opération par laquelle on détermine de combien un nombre en surpasse un autre, ou en d'autres termes, une opération par laquelle, connaissant un nombre et l'une de ses parties, on demande la valeur de l'autre partie. Le résultat de cette opération, ou cette valeur cherchée, s'appelle le reste, l'excès, ou la différence de ces deux nombres.

Si l'on proposait cette question : retrancher de la quantité 13, celle-ci : 8, qui lui est moindre, pour savoir de combien 13 surpasse 8, le nombre 5, qui est cette quantité demandée, s'appelle l'excès de 13 sur 8; mais si l'on ne voulait que marquer l'inégalité de ces deux nombres, on dirait que leur différence est 5; enfin, si l'on proposait cette question uniquement pour ôter 8 de 13, le reste serait 5.

On voit aussi que les termes dont nous nous servons

ici pour désigner le résultat de la soustraction, ne sont synonymes qu'en apparence, et qu'ils répondent chacun à une manière différente d'envisager la quantité principale de laquelle on propose d'en retrancher une autre qui lui soit moindre.

Exemple de soustraction.

703424
625639
77785
703424

DE LA MULTIPLICATION.

Multiplier un nombre par un autre, c'est répéter le premier de ces nombres autant de fois qu'il y a d'unités dans le second.

Si l'on proposait cette question : combien dépensera-t-on en 6 jours, à raison de 12 ₶ par jour? on verrait qu'il suffirait d'écrire 12 ₶ six fois de suite, comme on le voit ci-après, et de faire l'addition : on trouverait 72 ₶ pour réponse à la question.

12
12
12
12
12
12
72

On voit, en même temps, que, si le nombre de jours

était considérable, l'opération serait fort longue; c'est pourquoi on a imaginé un expédient plus court pour abréger l'opération. Ce procédé s'appelle multiplication ; le voici :

Nous supposons qu'on demande la dépense qu'on fera en 365 jours, à raison de 13 # par jour. D'abord il est évident que cette dépense peut se décomposer en trois autres qui lui soient égales. Celle de 5 jours, celle de 60 jours et celle de 300 jours.

La première est de 5 fois 13 # ou 65 #.

La seconde est de 10 fois celle de 6 jours; or, celle 6 jours serait 6 fois 13 # ou 78 #; donc celle de 60 jours est de 780 #.

Enfin celle de 300 jours est 100 fois plus grande que celle de 3 jours; or, celle de 3 jours est de 3 fois 13 # ou 39 #; donc celle de 300 jours est 3900 #. En réunissant les trois dépenses, celle de 5 jours, celle de 60 jours et de 300 jours, on trouve 4745 # pour réponse à la question.

65
780
3900
4745

On voit par là que, pour multiplier un nombre par un autre, il faut multiplier le multiplicande successivement par chacun des chiffres du multiplicateur, en avançant chaque fois le premier chiffre du produit partiel d'un rang vers la gauche, comme on le voit ci-dessous.

```
 365
  13
----
1095
365.
----
4745
```

« Il suit de ce qui précède, qu'on peut appeler la mul-» tiplication une addition réitérée du multiplicande au-» tant de fois qu'il y a d'unités dans le multiplicateur. »

« Il en résulte encore que le produit est toujours de » même nature que le multiplicande. » En effet, puisque le produit n'est autre chose que le total d'une addition, il est clair que ce total doit être de la même espèce que les nombres dont il est composé.

MULTIPLICATION DES NOMBRES QUI ONT DES DÉCIMALES.

Pour multiplier les nombres qui ont des décimales, il faut effacer la virgule dans le multiplicande et dans le multiplicateur, faire ensuite la multiplication comme à l'ordinaire, et séparer sur la droite du produit total autant de chiffres décimaux qu'il y en a à la fois dans les deux facteurs.

Démonstration. On propose de multiplier 1,44 par 1,2. D'après la règle, on multiplie 144 par 12, et ayant trouvé pour produit 1728, on sépare 3 chiffres sur la droite de ce même produit, et l'on a pour vrai produit 1,728. On sent qu'en multipliant 144 par 12, on emploie un multiplicande 100 fois trop grand et un multiplicateur 10 fois trop grand, ou bien on répète 10 fois plus qu'il ne faut un nombre qui est 100 fois trop grand; le produit est donc 1000 fois trop gros. Pour le rendre tel qu'il doit être, il faut le rendre 1000 fois plus petit, ce qui se fait en séparant, sur la droite du produit total, un nombre suffisant de chiffres décimaux par la virgule. Exemple :

OPÉRATION.	PREUVE.
37 4,8	1874
7, 3 4	1468
149 9 2	14992
11244 .	11244 .
26236 . .	7496 . .
	1874 . . .
2751,03 2	2751032

Pour rendre ce que nous venons de dire plus clair, supposons qu'on ait 3 à multiplier par 2, le produit serait 6; mais si l'on multipliait 300 par 20, c'est-à-dire un multiplicande 100 fois trop gros par un multiplicateur 10 fois trop grand, on trouverait 6000, produit 1000 fois trop gros; il faut donc écrire 6,000, qui est la même chose que 6.

De toutes les opérations mises en usage pour s'assurer que la multiplication a été bien faite, celle qui consiste à multiplier la moitié de l'un des deux facteurs par le double de l'autre facteur nous paraît préférable, parce qu'elle ne suppose pas la connaissance de la division, et qu'elle n'est sujette à aucune erreur.

DE LA DIVISION.

Diviser 12 par 3, c'est chercher combien de fois 12 contient 3, ou bien, c'est partager 12 en 3 parties, ou bien encore, c'est prendre la 3e partie de 12 qui est 4.

On propose de diviser 1728 par 3, ou de partager 1728 entre trois personnes; voici comme on procédera : 1728 est la même chose que mille, plus 7 centaines, plus 2 dixaines, plus 8 unités. N'y ayant qu'un mille pour 3 personnes, aucune de ces personnes ne peut avoir un mille, mais ce 1 mille vaut 10 centaines, qui, réunies aux 7 centaines du dividende, font 17 centaines. On voit qu'il revient 5 centaines à chaque personne; les 3 ensemble en auront 15. Il reste 2 centaines qui ne sont pas encore partagées, je les réunis aux 2 dixaines du dividende, ce qui fait 22 dixaines, il en revient 7 à chaque personne; entre toutes elles en auront 21. Il reste une dixaine qui n'est pas encore partagée, je la réunis avec les 6 unités du dividende, ce qui fait 18 unités à partager; cela fait 6 unités à chaque personne et 18 pour les 3. Il ne reste plus rien à partager, l'opération est finie. Ainsi chaque personne aura, pour sa part, 5 centaines, 7 dixaines et 6 unités, ou 576 francs.

```
1728 { 3
15   {----
--   { 576
 22
 21
 --
  18
  18
  --
   0
```

L'opération précédente fait voir que la division n'est qu'une soustraction réitérée du diviseur retranché du dividende autant de fois qu'il y a d'unités dans le quotient. Ainsi quand on demande combien de fois 3 est contenu dans 12, on peut y parvenir en retranchant 3 de 12, puis 3 de 9, de 6, enfin de 3, comme il suit :

$$\begin{array}{r} 12 \\ 3 \\ \hline 9 \\ 3 \\ \hline 6 \\ 3 \\ \hline 3 \\ 3 \\ \hline 0 \end{array}$$

Le nombre de soustractions ou le quotient est connu ; on le voit ici : 4. Cette opération est la même que si l'on demandait combien de fois un bâton de 3 pieds est contenu dans un bâton de 12 pieds. Pour le savoir, il suffirait de porter le bâton de 3 pieds le long du bâton de 12 pieds, et l'on trouverait qu'il y entre 4 fois. La division est donc une opération qui a pour objet d'épargner le grand nombre de soustractions qu'il y aurait à faire quand le dividende est beaucoup plus grand que le diviseur.

Si, après avoir fait la division des nombres entiers, il y avait un reste à la suite du dividende, on ajouterait à la suite de ce reste autant de zéros qu'on désire avoir de décimales, et on partagerait ce nouveau dividende de la même manière que les nombres entiers, en observant de distinguer ce nouveau quotient du premier par la virgule.

Exemple.

```
7342 { 34
54   {------
 202   215,94 + 2/17
  320
   140
    4
```

DIVISION DES NOMBRES QUI ONT DES DÉCIMALES.

Pour faire la division des nombres qui ont des décimales, il faut rendre égal le nombre de décimales dans le dividende et dans le diviseur, en ajoutant un nombre de zéros suffisant à celui de ces deux nombres qui a le moins de décimales, pour rendre égal le nombre de décimales dans le dividende et dans le diviseur, puis effacer la virgule, et faire la division comme à l'ordinaire : ca ne changera rien au quotient. Ainsi, pour diviser 1,728 par 1,2, je divise 1728 par 1200. De même, pour diviser 0,12 par 0,0144, je divise 1200 par 144.

Démonstration. 1° En écrivant dans le premier exemple 0,1200 au lieu de 0,12, je ne change pas la valeur de ce diviseur 0,12, parce que 0,12 centièmes sont la même chose que 0,1200 dix millièmes.

2° En supprimant la virgule dans le dividende et dans le diviseur, qui ont le même nombre de décimales, on ne change pas le quotient parce que cette suppression ne fait que rendre le diviseur et le dividende tous les deux 10 fois ou 100 fois ou 1000 fois plus grands, ce qui ne change pas le nombre de fois que l'un contient l'autre. Ainsi, c'est la même chose de diviser 6 par 2, 60 par 20 ou 600 par 200 : le quotient est toujours 3.

On propose de diviser 0,12 par 0,0144.

Transformation.

On propose de diviser 1200 par 144.

Opération.

$$1200 \left\{ \frac{144}{8 + \frac{48}{144} = \frac{1}{3}} \right. \quad 48$$

DES FRACTIONS.

« Les fractions sont des nombres par lesquels on ex-
» prime des quantités moindres que l'unité. »

Parmi les opérations qu'on peut faire sur les fractions, les unes leur sont communes avec les quatre opérations fondamentales de l'arithmétique, d'autres leur sont particulières. Nous passerons rapidement sur quelques-unes des dernières avant de parler des premières.

On ne change pas la valeur d'une fraction en multipliant ou en divisant ses deux termes par le même nombre.

Démonstration. $\frac{1}{2}$ est la même chose que $\frac{2}{4}$ ou $\frac{5}{10}$; car il est évident qu'il revient au même de partager une chose en deux parties pour en prendre une, ou en quatre pour en prendre 2, ou en dix pour en prendre 5; de même $\frac{2}{3}$ sont la même chose que $\frac{4}{6}$. En effet, supposons qu'on eût à partager une orange en 3 parties égales, et qu'on eût placé 1 morceau à gauche et 2 à droite, qu'ensuite on eût coupé chaque morceau en deux, dans le 1er cas, il y avait à gauche $\frac{1}{3}$ d'orange, et à droite $\frac{2}{3}$;

dans le second cas, il y aurait à gauche $\frac{2}{6}$ d'orange, et à droite $\frac{4}{6}$; mais la quantité d'oranges n'a pas changé; donc $\frac{1}{3}$ vaut $\frac{2}{6}$ et $\frac{2}{3}$ valent $\frac{4}{6}$.

Il suit de cette règle qu'on peut simplifier une fraction, en divisant ses deux termes par un même nombre, sans changer la valeur de cette fraction.

RÉDUCTION DES ENTIERS EN FRACTION.

Il faut multiplier les entiers par le dénominateur de la fraction proposée, ajouter son numérateur au produit, et donner à la somme le dénominateur de la fraction qui accompagnait les entiers.

On propose de réduire en fraction de même espèce que celle qui les accompagne les entiers suivans : $2 + \frac{1}{24}$

$$2 \times 24 = 48 + \frac{1}{24} = \frac{49}{24}$$

EXTRACTION DES ENTIERS CONTENUS DANS UNE FRACTION.

On divise le numérateur par le dénominateur, et le quotient indique les entiers demandés.

Soit la fraction $\frac{49}{24}$ dont on propose d'extraire les entiers.

$$\frac{49}{24} = 2 \frac{1}{24} \qquad \begin{array}{l|l} 49 & 24 \\ \hline 1 & 2 + \frac{1}{24} \end{array}$$

RÉDUCTION DES FRACTIONS AU MÊME DÉNOMINATEUR.

Pour réduire plusieurs fractions au même dénominateur, on multiplie les deux termes de chacune par le produit des dénominateurs de toutes les autres. Cette règle générale peut être abrégée dans presque tous les cas, c'est-à-dire dans ceux où les dénominateurs ont des facteurs communs. Voici un exemple qui fait voir à la fois la règle abrégée et son application.

$$\frac{1}{2}+\frac{2}{3}+\frac{3}{4}+\frac{1}{12}+\frac{1}{24}+\frac{1}{5}+\frac{1}{15}+\frac{1}{40}+\frac{1}{60}$$

Je remarque que les cinq premiers dénominateurs sont diviseurs de 24, et qu'ainsi les 5 premières fractions pourront être changées en 5 autres qui aient 24 pour dénominateur.

$$\begin{array}{ccccc} \frac{1}{2}+ & \frac{2}{3}+ & \frac{3}{4}+ & \frac{1}{12}+ & \frac{1}{24} \\ 12 & 8 & 6 & 2 & 1 \\ \hline \frac{12}{24}+ & \frac{16}{24}+ & \frac{18}{24}+ & \frac{2}{24}+ & \frac{1}{24} \end{array}$$

Je remarque de même que les 4 dernières fractions pourront être changées en 4 autres qui aient 120 pour dénominateur, en multipliant, comme pour les 5 premières, les deux termes de chacune par le nombre convenable, comme il suit :

$$\begin{array}{cccc} \frac{1}{5}+ & \frac{1}{15}+ & \frac{1}{40}+ & \frac{1}{60} \\ 24 & 8 & 3 & 2 \\ \hline \frac{24}{120}+ & \frac{8}{120}+ & \frac{3}{120}+ & \frac{2}{120} \end{array}$$

Je change ainsi les fractions proposées en celles qui suivent :

$$\frac{12}{24}+\frac{16}{24}+\frac{18}{24}+\frac{2}{24}+\frac{1}{24}+\frac{24}{120}+\frac{8}{120}+\frac{3}{120}+\frac{2}{120}$$

Il n'y a plus que deux dénominateurs différens. J'ajoute les fractions de la même espèce, et j'ai : $\frac{49}{24} + \frac{37}{120}$ ou $2 + \frac{1}{24} + \frac{37}{120}$. On voit aussi qu'en multipliant les deux termes de $\frac{1}{24}$ par 5, elle acquerra le même dénominateur que la seconde, et il viendra $2 + \frac{5}{120} + \frac{37}{120}$ ou $2 + \frac{42}{120}$ ou $2 + \frac{7}{20}$.

Il est aisé de voir qu'en employant la règle générale, il aurait fallu infiniment plus de temps pour obtenir le même résultat.

ADDITION DES FRACTIONS.

Pour ajouter des fractions, il faut d'abord les réduire au même dénominateur d'après les règles données, ajouter ensuite tous les numérateurs, et donner à leur somme le dénominateur commun.

$$\frac{12}{24} + \frac{16}{24} + \frac{18}{24} + \frac{2}{24} + \frac{1}{24} = \frac{49}{24} = 2 + \frac{1}{24}$$

SOUSTRACTION DES FRACTIONS.

En général, pour soustraire une fraction d'une autre fraction, ou des entiers joints à des fractions d'entiers joints à des fractions, après avoir réduit les entiers en fractions de même espèce que celle qui les accompagne, et réduit les fractions proposées au même dénominateur, d'après les règles données, on retranche les numérateurs l'un de l'autre, et l'on donne à la différence de ces deux nombres le dénominateur commun

Soient les quantités fractionnaires suivantes :

$$3 + \frac{4}{9} - 2 + \frac{3}{12}$$

$$3 + \frac{4}{9} - 2 + \frac{3}{12} = \frac{372}{108} - \frac{243}{108} = \frac{129}{108} = 1 + \frac{11}{108}$$

MULTIPLICATION DES FRACTIONS.

Pour multiplier deux fractions entre elles, il faut multiplier les numérateurs l'un par l'autre et les dénominateurs l'un par l'autre.

Démonstration 1re. Multiplier un nombre par un autre, c'est répéter le 1er de ces nombres autant de fois qu'il y a d'unités dans le 2e; ainsi, pour multiplier $\frac{2}{3}$ par $\frac{4}{5}$, il faut répéter $\frac{4}{5}$ de fois $\frac{2}{3}$. En écrivant $\frac{8}{3}$ on répéterait 4 fois $\frac{2}{3}$, ce qui serait 5 fois trop; il faut donc rendre 5 fois plus petite la fraction $\frac{8}{3}$, ce qui se fait en multipliant son dénominateur par 5, ce qui donne $\frac{8}{15}$ pour le produit cherché, c'est-à-dire $\frac{2}{3} \times \frac{4}{5} = \frac{8}{15}$; donc la règle est vraie.

Démonstration 2e. Qu'il s'agisse de multiplier $\frac{4}{2}$ par $\frac{12}{3}$, puisque la fraction $\frac{4}{2}$ vaut 2, et que celle-ci $\frac{12}{3}$ vaut 4, le produit cherché sera $2 \times 4 = 8$; mais par la règle prescrite le produit est $\frac{48}{6}$ ou 8; donc cette règle est vraie.

DIVISION DES FRACTIONS.

Pour diviser une fraction par une autre fraction, il faut multiplier la fraction dividende par la fraction diviseur renversée.

Démonstration 1re. On propose de diviser $\frac{2}{3}$ par $\frac{4}{5}$.

On sait qu'on ne change pas le quotient d'une division en en multipliant le dividende et le diviseur par le même nombre, ainsi je suis le maitre de multiplier la fraction dividende $\frac{2}{3}$ et la fraction diviseur $\frac{4}{5}$ par $\frac{5}{4}$.

Le nouveau dividende sera $\frac{2}{3} \times \frac{5}{4} = \frac{10}{12}$.

Le nouveau diviseur sera $\frac{4}{5} \times \frac{5}{4} = \frac{20}{20}$ ou 1.

Or, en divisant un nombre par 1, il ne change pas; donc $\frac{2}{3} \times \frac{5}{4}$ est le quotient cherché, et ce résultat étant conforme à ce que prescrit la règle, il s'en suit que la règle est vraie.

Démonstration 2e. Je dis que, pour diviser $\frac{2}{3}$ par $\frac{4}{5}$, il faut multiplier $\frac{2}{3}$ par $\frac{5}{4}$ et écrire $\frac{2 \times 5}{3 \times 4} = \frac{10}{12} = \frac{5}{6}$ pour quotient. Si cette règle est vraie, il faut que ce quotient $\frac{5}{6}$ multiplié par le diviseur $\frac{4}{5}$ fasse retrouver pour produit le dividende $\frac{2}{3}$, comme cela a lieu dans toutes les divisions; or, le produit de $\frac{5}{6}$ par $\frac{4}{5}$ est en effet $\frac{20}{30}$ ou $\frac{2}{3}$; donc la règle prescrite est vraie.

QUESTIONS A DEUX TERMES.

En réfléchissant sur la marche de l'esprit, dans la résolution des questions, on découvre ces deux principes, 1° que l'esprit saisit beaucoup plus aisément les rapports des petits nombres que ceux des grands; 2° qu'une question ne change pas de nature en y mettant de petits nombres à la place des grands qu'elle renferme; de là on déduit la règle suivante.

Résolution des questions à 2 termes.

1° Transformez la question proposée en une autre qui renferme 2 fractions.

2° Faites une question pour modèle, en substituant dans la question proposée le nombre 2 à la place de la première fraction, et le nombre 4 à la place de la seconde, en conservant scrupuleusement les mêmes paroles.

3° Cherchez sans calcul la réponse à la question pour modèle; cette réponse sera toujours $\frac{2}{4}$, c'est-à-dire $\frac{1}{2}$ ou bien $\frac{4}{2}$, c'est-à-dire 2, ou bien encore 2×4, c'est-à-dire 8.

4° Dans le premier cas, la réponse à la question fait connaître qu'il faut, dans la question transformée, diviser le premier terme par le deuxième; dans le second cas, qu'il faut diviser le deuxième par le premier; dans le troisième cas, qu'il faut multiplier le premier par le deuxième.

Exemple premier.

Pour $4 + \frac{1}{2}$ de franc on a acheté $9 + \frac{3}{7}$ d'aune, à combien revient l'aune?

Question transformée.

Pour $\frac{9}{2}$ de franc on a eu $\frac{66}{7}$ d'aune, à combien revient l'aune?

Question pour modèle.

Pour 2 ₶ on a eu 4 aunes, à combien revient l'aune?

Réponse, $\frac{1}{2}$ de franc. Je vois que cette réponse tombe dans le premier cas de la règle, d'où je conclus qu'il faut, dans la question transformée, diviser le premier terme $\frac{9}{2}$ de ₶ par $\frac{66}{7}$ d'aune; ce qui donne, pour réponse à la question, $\frac{21}{24}$.

$$\frac{9}{2} \times \frac{7}{66} = \frac{21}{24} = \frac{7}{8}$$

Exemple deuxième.

$4 + \frac{1}{2}$ d'aune ont coûté $6 + \frac{1}{3}$ de ₶, à combien revient l'aune?

Question transformée.

$\frac{9}{2}$ d'aune ont coûté $\frac{19}{3}$ de ₶, à combien revient l'aune?

Question pour modèle.

2 aunes ont coûté 4 ₶, à combien revient l'aune ? La réponse est 2 ₶ ou $\frac{4}{2}$ de ₶. Je vois que cette réponse tombe dans le second cas, d'où je conclus qu'il faut, dans la question transformée, diviser le deuxième terme $\frac{19}{3}$ de ₶ par le premier $\frac{9}{2}$ d'aune, ce qui donne, pour réponse à la question, 1, 40 ou 1 ₶ 8 s.

$$\frac{19}{3} \times \frac{2}{9} = \frac{38}{27} = 1,40, \text{ ou bien 1 franc 8 sols.}$$

Exemple troisième.

Combien fera-t-on de toises, pieds, pouces et lignes en 12 jours, 15 heures, 40 minutes, à raison de 3 toises, 4 pieds, 6 pouces, 2 lignes par jour ?

Question transformée.

Combien fera-t-on de toises, pieds, pouces et lignes en $\frac{18220}{1440}$ de jour, à raison de $\frac{3248}{864}$ de toise par jour.

Question pour modèle.

Combien fera-t-on de toises en 2 jours, à raison de 4 toises par jour ? Réponse, 8 toises ou 2 × 4 = 8. C'est le troisième cas de la règle, d'où je conclus qu'il faut, dans la question transformée, multiplier le premier terme par le second, ce qui donne pour réponse 47 toises, 3 pieds, 4 pouces, 8 lignes, plus $\frac{864}{3888}$ de ligne.

$$\frac{18220}{1440} \times \frac{3248}{864} = \frac{1822}{144} \times \frac{1624}{432} = \frac{911}{72} \times \frac{203}{54} = \frac{184933}{3888}$$

de toise. Ou enfin, 47 toises, 3 pieds, 4 pouces, 8 lignes $\frac{864}{3888}$.

Questions à 3 termes.

Une question à 3 termes est une question qui renferme, dans son énoncé, 2 questions à 2 termes. On peut la résoudre en la décomposant en 2 questions à 2 termes, qu'on résout l'une après l'autre. Ainsi, si l'on proposait cette question : 2 aunes ont coûté 4 ₶, combien couteront 6 aunes? Je résoudrais d'abord cette question première, 2 aunes ont coûté $\frac{8}{2}$, combien coûtera 1 aune? La réponse est $\frac{4}{2}$ de franc ou 2 francs. Puis, passant à la seconde question, je dirais : combien coûteront 6 aunes à raison de 2 ₶ l'aune? La réponse est 12 ₶. La réponse à la question proposée est donc 12 ₶; mais ce procédé est long, et il est plus expéditif d'employer la règle suivante.

Résolution des questions à 3 termes.

1° Transformez la question proposée en une autre qui renferme 3 fractions.

2° Faites une question pour modèle, en substituant dans la question transformée le nombre 1 à la place de la première fraction, le nombre 2 à la place de la deuxième, et le nombre 4 à la place de la troisième, en conservant scrupuleusement les mêmes paroles.

3° Cherchez, sans calcul, la réponse à la question pour modèle. Elle sera toujours $\frac{1}{2}$, c'est-à-dire $\frac{1 \times 2}{4}$, ou bien 2, c'est-à-dire $\frac{1 \times 4}{2}$, ou bien enfin 8, c'est-à-dire $\frac{2 \times 4}{1}$.

4° La réponse à la question pour modèle fera connaître qu'il faut, dans la question transformée, dans le premier cas, multiplier le premier terme par le deuxième, et diviser le produit par le troisième.

Dans le deuxième cas, multiplier le premier terme par le troisième, et diviser le produit par le deuxième.

Dans le troisième cas, multiplier le deuxième terme par le troisième, et diviser le produit par le premier.

Exemple premier.

1 aune $\frac{1}{2}$ ont coûté 2 ₶ $\frac{1}{4}$ de ₶, combien coûteront 2 aunes $\frac{1}{3}$ d'aune ?

Question transformée.

$\frac{3}{2}$ d'aune ont coûté $\frac{9}{4}$ de franc, combien coûteront $\frac{7}{3}$ d'aune ?

Question pour modèle.

1 aune a coûté 2 ₶, combien coûteront 4 aunes ? Réponse, 8 ₶.

Je vois que la réponse tombe dans le troisième cas de la règle. Elle m'apprend donc qu'il faut, dans la question transformée, multiplier le deuxième terme par le troisième, et diviser le produit par le premier. La réponse est donc $\frac{7}{2}$ ou 3 ₶ 50 c.

$$\frac{9\times 7}{4\times 3}\times\frac{2}{3}=\frac{126}{36}=\frac{7}{2}=3,\ 50$$

Exemple deuxième.

On a dépensé 12 ₶ 15 s. 6 d. en 8 jours 12 h. 20 m., combien dépensera-t-on en 20 j. 20 h. 20 m.

Question transformée.

On a dépensé $\frac{3066}{240}$ de ₶ en $\frac{12260}{1440}$ de jours, combien dépensera-t-on en $\frac{30020}{1440}$ de jours?

Question pour modèle.

On a dépensé 1 franc en 2 jours, combien dépensera-t-on en 4 jours? La réponse est 2 ₶, c'est-à-dire $\frac{4\times 1}{2}$.

Cette réponse tombe dans le deuxième cas de la règle, et m'apprend qu'il faut, dans la question transformée, multiplier le premier terme par le troisième, et diviser le produit par le deuxième. La réponse cherchée est donc 31 francs 5 sols 7 deniers.

$$\frac{3066}{240}\times\frac{30020}{1440}\times\frac{1440}{12260}=\frac{511}{40}\times\frac{1501}{72}\times\frac{72}{613}=\frac{767011}{24520}$$
$= 31,\ 28$ ou 31 ₶ 5 s. 7 d.

Résolution des questions à 7 termes.

7 hommes, travaillant 3 heures par jour, ont fait 15 toises en 20 jours, combien 12 hommes, travaillant 8 heures par jour, feront-ils de toises en 25 jours?

Solution.

Je remarque que 7 hommes, travaillant 3 heures par

jour, font le même ouvrage que 7 × 3, ou 21 hommes qui ne travailleraient qu'une heure par jour. Je remarque aussi que 12 hommes, travaillant 8 heures par jour, font le même ouvrage que feraient 12 × 8, ou 96 hommes, travaillant 1 heure par jour, d'où je conclus que je puis transformer l'énoncé de la manière suivante :

Première transformation.

21 hommes ont fait 15 toises en 20 jours, combien 96 hommes feront-ils de toises en 25 jours ?

Je remarque, en second lieu, que 21 hommes font, en 20 jours, le même ouvrage que feraient 21 × 20, ou 420 hommes dans 1 jour, et que 96 hommes, en 25 jours, feraient le même ouvrage que 96 × 25, ou 2400 hommes en un jour, d'où je conclus la transformation suivante.

Deuxième transformation.

420 hommes ont fait 15 toises, combien en feront 2400 hommes ?

La question est réduite à n'avoir plus que 3 termes ; on pourra donc la résoudre comme celles de cette espèce, et on trouve, pour réponse à la question, 85 toises, plus $\frac{5}{7}$ de toise.

Opération.

420 hommes ont fait 15 toises, combien 2400 hommes feront-ils de toises?

Question pour modèle.

Un homme a fait 2 toises, combien 4 hommes feront ils de toises ? Réponse, 8 toises ; or, pour trouver ces 8 toises, il a fallu multiplier le deuxième terme 2 par le troisième 4, et diviser le produit par le premier 1 ; d'où je conclus que, dans la question transformée, il faudra aussi multiplier le deuxième par le troisième, et diviser le produit par le premier.

$$\frac{15 \times 2400}{420} = 85, + \frac{5}{7}$$

$$\frac{15 \times 2400}{420} = 85 + \frac{30}{42} = 85 + \frac{15}{21} = 85 + \frac{5}{7}$$

```
   15                3600.0 ⎧ 42.0
  2400                 240  ⎨ ─────  5
 ─────                  30  ⎨ 85 ──
   60                       ⎩        7
 30.
 ...00
 ─────
 36000
```

Questions de société.

Trois associés ont mis en commerce les sommes suivantes, savoir : le premier, 3642 ₶ ; le second, 4032 ₶, et le troisième, 3126 ₶. La société a fait un gain de 4525 ₶ ; on demande le bénéfice de chaque associé.

On doit considérer que le bénéfice de chaque associé doit être proportionnel à sa mise, et que tous ces associés réunis, ayant fait un fonds de 10802 ₶, il en est résulté un produit de 4525, d'où je conclus qu'on peut poser les 3 questions suivantes.

$$10802 : 4525 :: 3642 : x = 1525 + \frac{7000}{10802}$$

$$10802 : 4525 :: 4034 : y = 1689 + \frac{9272}{10802}$$

$$10802 : 4525 :: 3126 : z = 1309 + \frac{5332}{10802}$$

Question pour modèle.

Avec 4 ₶ on a gagné 2 ₶, combien gagnera-t-on avec 8 ₶ ? Réponse, 4 ₶ ; or, pour trouver ces 4 ₶, il a fallu multiplier 2, second terme, par le troisième 8, et diviser le produit 16 par 4 ; donc, dans chacune des questions ci-dessus, il faudra aussi multiplier le deuxième terme par le troisième, et diviser le produit par le premier, ce qui donne pour réponse demandée :

$$1^{\text{er}}\ \frac{4525 \times 3642}{10802} = 1525 + \frac{7000}{10802} = \frac{3500}{5401}$$

$$2^{\text{e}}\ \frac{4525 \times 4034}{10802} = 1689 + \frac{9272}{10802} = \frac{4636}{5401}$$

$$3^{\text{e}}\ \frac{4525 \times 3126}{10802} = 1309 + \frac{5332}{10802} = \frac{2666}{5401}$$

On vérifie l'opération.

Bénéfice de chaque associé.	Fractions qui accompagnent chaque bénéfice.
Pour le 1er, 1525	3500
. . . le 2me, 1689	4636
. . . le 3me, 1309	2666 } 5401
Val. des fract. . . . 2	10802 } 2
4525	0

Autre question de société.

4 associés ont gagné 87352 ₶. Le premier a fait un fonds de 96000 ₶, qui a resté 3 ans, 2 mois dans la société ; le second a fait un fonds de 4210 ₶, qui a resté 6 ans, 3 mois dans la société ; le troisième avait fourni un fonds de 280 ₶, qui a resté 5 ans, 4 mois dans la société ; enfin le quatrième a fait un fonds de 9750 ₶, qui a demeuré 3 ans, 1 mois dans la société : on demande le bénéfice de chaque associé.

Solution.

Première transf. Quatre associés ont gagné 87352 ₶. Le premier a fait un fonds de 96000 ₶, qui a resté 38 mois dans la société ; le deuxième, un fonds de 4310 ₶, qui a resté 75 mois dans la société ; le troisième avait mis un fonds de 280 ₶, qui a resté 64 mois dans la société ; enfin le quatrième a fait un fonds de 9750 ₶, qui a demeuré 37 mois dans la société : on demande le bénéfice de chaque associé.

Je remarque qu'un fonds de 96000 ₶ produit autant, en 38 mois, qu'un fonds de 96000 ₶ × 38, ou de 3648000 ₶ en un mois, et qu'après avoir fait la même remarque pour les 4 associés, dont on suppose que les fonds ont resté pendant 1 mois dans la société, la question pourra encore être transformée comme il suit.

Deuxième transf. Quatre associés ont gagné 87352 ₶. Le premier avait fait un fonds de 3648000 ₶ ; le second, un fonds de 315750 ₶ ; le troisième, un fonds de 17920 ₶, et le quatrième, un fonds de 360750 ₶ on demande le gain qu'il revient à chaque associé.

Cette question est réduite à n'avoir plus que 3 termes,

c'est pourquoi nous la résoudrons de la même manière que les questions de cette espèce.

Nous posons donc les questions suivantes :

1er $4342420 : 87352 :: 3648000 : = 73383 + \frac{14457}{217121}$

2^{e} $4342420 : 87352 :: .315750 : = .6351 + \frac{134229}{217121}$

3^{e} $4342420 : 87352 :: ..17920 : = ...360 + \frac{103832}{217121}$

4^{e} $4342420 : 87352 :: .360750 : = ..7256 + \frac{181724}{217121}$

Question pour modèle.

Avec 4 ₶ on a gagné 2 ₶, combien gagnera-t-on avec 8 ₶? La réponse est 4 ₶; or, pour trouver ces 4 ₶, il a fallu multiplier 2, second terme, par le troisième 8, et diviser le produit 16 par 4; donc, dans chacune des questions ci-dessus, il faudra aussi multiplier le deuxième terme par le troisième, et diviser le produit par le premier, ce qui donne pour réponse demandée :

$$\left.\begin{array}{l} \text{Pour le 1}^{er}\ \frac{87352 \times 3648000}{4342420} = 73383 + \frac{14457}{217121} \\ \ldots \text{le 2}^{e}\ \frac{81352 \times 315750}{4342420} = .6351 + \frac{134229}{217121} \\ \ldots \text{le 3}^{e}\ \frac{87352 \times 17920}{4342420} = ..360 + \frac{103832}{217121} \\ \ldots \text{le 4}^{e}\ \frac{87352 \times 360750}{4342420} = .7256 + \frac{181724}{217121} \end{array}\right\} = 2,00$$

Bénéfices particuliers.	Valeur des fractions en nombres entiers.
73383	14457
6351	134229
360	103832
7256	181724
87350	434242 ⎨ 217121 / 2
2	0
87352 ₶	

Questions d'intérêt.

La règle d'intérêt est une opération par laquelle on s'assure du bénéfice résultant du prêt d'une certaine somme pendant un temps déterminé. La somme s'appelle le capital.

Exemple.

On demande l'intérêt de 3256 ₶ à raison de 5 ₶ pour 100 par an.

Il est aisé de voir que la question proposée peut être changée en celle-ci :

100 ₶ ont produit 5 ₶, combien produiront 3256 ₶ ?

Question pour modèle.

4 ₶ ont produit 2 ₶, combien produiront 8 ₶ ?

La réponse est 4 ₶ ou $\frac{2 \times 8}{4}$; donc je conclus que, dans la question transformée, il faudra de même multiplier le deuxième terme 5 par 3256 ₶, et diviser le produit par 100, ce qui donne

$$\frac{3256 \times 5}{100} = 162 + \frac{4}{5} = 162,80 = 162 \text{ ₶ } 16 \text{ sols}$$

Exemple deuxième.

On demande l'intérêt de 3256 ₶ à raison de 5 ₶ + $\frac{3}{4}$ pour 100 par an.

Première transformation.

100 ₶ ont produit 5 + $\frac{3}{4}$, combien produiront 3256 ₶ ?

Deuxième transformation.

100 ₶ ont produit 5,75, combien produiront 3256 ₶ ?

Opération.

$\frac{3256 \times 5{,}75}{100}$ = 187,22 ou 187 fr. 4 s. 4 d., plus $\frac{4}{5}$ de denier.

Ces exemples suffisent pour faire voir que, dans tous les cas, la règle consiste à multiplier le capital par l'intérêt, et à en diviser le produit par 100, ou simplement à multiplier le capital par l'intérêt, après avoir réduit la fraction ordinaire qui accompagne les entiers de l'intérêt en fraction décimale, en en divisant le numérateur par son dénominateur, et avancé, dans le produit, la virgule de deux rangs vers la gauche. Ainsi, dans l'exemple précédent, où l'on demandait l'intérêt de 3256 ₶ à raison de 5 + $\frac{3}{4}$ pour 100 par an, j'ai commencé par changer la fraction 5 + $\frac{3}{4}$ en celle-ci 5,75, ensuite j'ai multiplié 3256 ₶ par 5,75. Le produit a été 18722,00. J'ai reculé la virgule de deux rangs vers la gauche, et le vrai résultat de l'opération est 187, 22 centimes pour l'intérêt de 3256 # pendant 1 an, à raison de $5 + \frac{3}{4}$ de franc pour 100 par an.

Exemple troisième.

On demande l'intérêt de 3256 # pour 2 ans, 3 mois, 15 jours, à raison de $5 + \frac{1}{4}$ de # pour $\frac{0}{0}$ par an.

Après avoir trouvé l'intérêt d'un an de la somme 3256 #, à raison de $5 + \frac{1}{4}$ pour $\frac{0}{0}$ par an, qui est 170,94, il reste à répéter cet intérêt autant de fois qu'il y a d'ans, mois et jours, c'est-à-dire qu'il faut multiplier 170,94, intérêt d'un an, par 2 ans, 3 mois, 15 jours, ou par $\frac{825}{360}$ d'année; la réponse cherchée sera $391,737 + \frac{1}{2}$.

Intérêt d'un an.

$$100 : 5,25 :: 3256 : x = 170,94.$$

Intérêt de 2 ans, 3 mois, 15 jours.

$$\frac{17094}{100} \times \frac{825}{360} = \frac{14102550}{36000} = 391,737 + \frac{1}{2}$$

Après avoir trouvé l'intérêt d'un an, on peut faire la multiplication par parties aliquotes pour avoir l'intérêt de plusieurs années, mois et jours, comme il suit :

On demande l'intérêt de 3236 # pendant 2 ans, 3 mois et 15 jours, à raison de 170,94 pour $\frac{0}{0}$ par an.

170, 94
2 ans, 3 mois, 15 jours.

Intérêt de 2 ans, 341, 88.
Intérêt de 3 mois, . 42, 735
Intérêt de 15 jours, . . 7, 122 + $\frac{1}{2}$

391, 737 + $\frac{1}{2}$

DE LA RACINE CARRÉE.

Tout nombre résultant de la multiplication d'un autre nombre par lui-même, s'appelle le carré de ce nombre, ou nombre carré.

Pour carrer, ou, en d'autres termes, pour porter un nombre à sa seconde puissance, on n'a donc besoin d'autre art que de multiplier ce nombre par lui-même; mais, pour revenir du carré d'un nombre à sa racine, quand cette racine est composée de plus d'un chiffre, il est nécessaire d'examiner ce qui se passe dans la formation du carré de ce nombre. Si on carre 54, on trouve 2916; mais rien, dans ce nombre 2916, retrace le rôle que les unités et les dixaines ont joué dans la formation de ce nombre carré: il faut donc faire cette multiplication par une méthode qui retrace à l'esprit et à l'œil la marche de l'opération. Cette méthode consiste à décomposer le nombre 54 en 50 + 4, et à faire le carré comme il suit:

	50 + 4
	50 + 4
1° Carré des unités	.4 × .4 = . .16
2° Deux fois les dixaines par les unités	50 × .4 = .200 .4 × 50 = .200
3° Carré des dixaines	50 × 50 = 2500
Carré de 54	2916

On voit, par cet exemple, que le carré d'un nombre composé de dixaines et d'unités contient trois produits distincts, savoir : 1° le carré des unités; 2° deux fois les dixaines par les unités; 3° le carré des dixaines.

Cela posé, proposons-nous d'extraire la racine de 2916. Je vois d'abord que cette racine aura deux chiffres; car 10 étant carré donne 100, et 100 étant carré donne 1000; donc 2916, tombant entre les deux carrés 100 et 10000, aura sa racine entre 10 et 100. Je remarque, en second lieu, que si on carre des dixaines, le produit sera des centaines, et aura par conséquent deux zéros; d'où je conclus que la tranche 16 des deux derniers chiffres du carré ne peut provenir du carré des dixaines. Ce carré doit donc être compris tout entier dans 29, et le plus grand carré renfermé dans 29 étant 25, dont la racine est 5, la racine de 29 est donc 5 : les dixaines de la racine sont donc 5.

Pour avoir les unités de la racine, je retranche la quantité 25, carré des dixaines, de la racine du nombre 29, et j'abaisse à côté du reste 4 la dernière tranche 16, et j'ai 416. Ce nombre contient encore deux fois le produit des dixaines par les unités, plus le carré des unités; mais si l'on multiplie des dixaines par des unités, le produit sera des dixaines et aura toujours 1 zéro; donc le dernier chiffre 6 ne peut provenir du double des dixaines par les unités. Ce produit doit donc être contenu tout entier dans 41; or, si on divise 41 par 10, double des dixaines trouvées, le quotient 4 sera les unités cherchées. Il reste à vérifier si 54 est en effet la vraie racine; pour cela, on peut porter le nombre 54 à sa deuxième puissance; mais il est plus court d'écrire 4 à droite du double des dixaines 10 et de multiplier 104 par 4, pour en porter le produit sous 416. En effet, en multipliant 104 par 4, on fait d'abord le carré 16 des unités et le double des dixaines par les unités, et, comme ces deux produits composent 416, la soustraction doit ne laisser aucun reste.

```
29 : 16 { 54
 41 : 6 { 104
 41   6 {   4
      0
```

La méthode précédente est applicable à l'extraction de la racine d'un nombre composé de 6, de 8 et d'autant de chiffres que l'on voudra; car, ayant obtenu les deux premiers chiffres de la racine, on les considère comme autant de dixaines sur lesquelles on doit opérer comme il a été dit précédemment, après avoir séparé le nombre proposé en tranches de 2 en 2 chiffres, à partir de la droite vers la gauche; mais, si ce même nombre a des décimales, il faut : 1° rendre pair le nombre de décimales, s'il ne l'est pas, en ajoutant 1 ou 3, ou 5 zéros, etc., 2° effacer la virgule et tirer la racine; 3° séparer sur la droite de la racine, un nombre de décimales qui soit moitié du nombre dont on a tiré la racine.

En effet, le carré de 1,2 étant 1,44, sa racine est 1,2, ce qui prouve que le carré d'un nombre a toujours 2 fois autant de décimales que sa racine, et que les décimales du carré sont toujours en nombre pair.

Si on carre la fraction $\frac{2}{3}$ on a $\frac{4}{9}$; donc la racine de $\frac{4}{9}$ est $\frac{2}{3}$; donc aussi, pour extraire la racine carrée d'une fraction, il faut extraire celle du numérateur et celle du dénominateur. On peut, pour abréger l'opération, multiplier les deux termes de la fraction par son dénominateur, ce qu'il faut toujours faire quand le dénominateur n'est pas un carré parfait; par ce moyen, on emploie pour la fraction proposée $\frac{2}{3}$ celle-ci $\frac{6}{9}$, dont le dénominateur est un carré parfait. Enfin, on peut changer la fraction proposée $\frac{2}{3}$ en fraction décimale d'un nombre pair de décimales et double de celui qu'on veut avoir à la racine. Ainsi, au lieu de $\frac{2}{3}$, on aura 0,666666, dont on tirera la racine comme nous l'avons vu.

RACINE CUBIQUE.

La règle pour la racine cubique est analogue à celle pour la racine carrée. Si on fait le cube de $a + b$, on trouvera $a^3 + 3a^2b + 3ab^2 + b^3$. Donc, si a représente des dixaines et b des unités, il s'en suit que le cube d'un nombre composé de dixaines et d'unités contient 4 produits distincts, savoir : 1° le cube des dixaines; 2° trois fois le carré des dixaines par les unités; 3° trois fois les dixaines par le carré des unités; 4° le cube des unités. Par exemple, le cube de 54 sera 157464, que l'on obtient en opérant comme précédemment pour la racine carrée.

1° Cube des dixaines.	125000
2° 3 fois le carré des dixaines par les unités.	.30000
3° 3 fois les dixaines par le carré des unités.	. . 2400
4° Cube des unités.	 64
	157464.

Si l'on propose d'extraire la racine cubique de 157464, il faudra raisonner comme précédemment pour la racine carrée. Je dirai, 1° que la racine demandée doit avoir deux chiffres, parce que 157464 étant plus grand que 1000, cube de 10, et plus petit que 1000000, cube de 100, doit avoir sa racine entre ces deux nombres; 2° que le cube des dixaines, conservant toujours trois zéros, les trois derniers chiffres 464 ne peuvent en faire partie; 3° que le plus grand cube contenu dans 157 étant 125, dont la racine est 5, les dixaines de la racine seront 5.

Ayant donc retranché 125, cube des dixaines de la racine, de 157, il reste la quantité 32, à côté de laquelle j'abaisse la tranche suivante 464, ce qui fait 32464, nombre qui représente $3a^2b + 3ab^2$ ou 3 fois le carré des dixaines par les unités, plus 3 fois les dixaines par le carré des unités. Il faut remarquer ensuite qu'en divisant $3a^2b$ par $3a^2$, on a b pour quotient; or, $3a^2b$ représente 324, parce que le carré des dixaines ne donne ni dixaines ni unités, et $3a^2$ représente 3×5^2 ou 75. Divisant donc 324 par 75, j'ai 4 pour quotient, c'est-à-dire pour les unités cherchées. Pour vérifier cette racine, il nous reste à former le cube de la racine trouvée 54, et à la retrancher de la quantité 157464. Il ne reste rien. J'en conclus que l'opération est exacte. S'il restait quelque chose, on ajouterait 3 zéros à ce reste pour avoir une décimale à la racine, et on diviserait ensuite ce nouveau reste par le triple carré de la racine trouvée. Le cube de 1,2 est 1,728; donc la racine cubique de 1,728 est 1,2; donc aussi la racine cubique d'un nombre décimal a toujours 3 fois moins de décimales que le cube. Pour extraire la racine cubique d'un nombre décimal, il faut, 1° ajouter à ce nombre 3, ou 6, ou 9 zéros, afin que le nombre des décimales du cube soit triple de celui qu'on veut avoir à la racine; 2° tirer la racine sans faire attention à la virgule; 3° séparer, sur la droite de cette racine, un nombre de décimales qui soit 1/3 de celui qu'en avait le cube.

Le cube de $\frac{2}{3}$ est $\frac{8}{27}$; donc la racine cubique de $\frac{8}{27}$ est $\frac{2}{3}$; donc aussi, pour extraire la racine cubique d'une fraction quelconque, il faut extraire celle du numérateur et celle du dénominateur; mais il est plus expédient de changer la fraction ordinaire en fraction décimale d'un nombre de décimales qui soit 3, ou 6, ou 9, etc. Par exemple, si l'on proposait d'extraire la racine cubique de

$\frac{2}{3}$, on écrirait 0,66666666, et on opérerait d'après les règles données.

DES RAPPORTS ET PROPORTIONS.

On peut comparer deux quantités de deux manières : 1° en retranchant la plus petite de la plus grande, pour connaître leur différence, et cette différence s'appelle aussi leur rapport arithmétique, ou par excès; par exemple, le rapport arithmétique de 8 à 5, qui est 3; 2° en retranchant la plus petite de la plus grande autant qu'elle y est contenue; par exemple, si on compare 6 à 2, on trouve que 6 contient 2 trois fois. Ce nombre 3 est appelé le rapport géométrique, ou par quotient de 6 à 2.

On voit, par-là, qu'un rapport arithmétique n'est qu'une différence, et qu'un rapport géométrique est un quotient ou une fraction. On voit aussi qu'un rapport arithmétique ne change pas quand on ajoute un même nombre à ses deux termes, et qu'un rapport géométrique ne change pas quand on multiplie ou qu'on divise ses deux termes par le même nombre.

On appelle proportion arithmétique l'égalité de deux rapports arithmétiques; par exemple, celui-ci : 8.5 ⁝ 12.9. Elle n'est autre chose que cette équation : $8-5=12-9$; c'est une manière différente d'écrire une équation. Cette dernière équation donne, par la transposition, $8+9=12+5$; ce qui fait voir que, dans une proportion arithmétique, la somme des extrêmes est égale à celle des moyens. On appelle proportion géométrique l'égalité de deux rapports géométriques. Ainsi, pour marquer que le rapport de 2 à 3 est le même que celui de 4 à 6, on écrit : $2 : 3 :: 4 : 6$. C'est une convention différente d'écrire l'équation $\frac{2}{3} = \frac{4}{6}$.

En général, au lieu de la proportion $a : b :: c : d$, on peut écrire celle-ci : $\frac{a}{b} = \frac{c}{d}$. Si on change les dénominateurs de la dernière équation, on a $bc = ad$; ce qui preuve que, dans toute proportion géométrique, le produit des extrêmes est égal à celui des moyens. Si, des 4 quantités qui entrent dans l'équation $ab = cd$, on en connaît 3, l'équation fait connaître le 4ᵉ; car elle donnera $A = \frac{BC}{D}$, $D = \frac{BC}{A}$. $B = \frac{AD}{C}$, ce qui fait voir que, pour connaître un extrême de la proportion, il faut diviser le produit des deux moyens par l'extrême connu, et que de même, en divisant le produit des extrêmes par l'un des moyens, on aura l'autre moyen.

En considérant une proportion géométrique comme une équation, il devient facile de démontrer toutes les propriétés des proportions; par exemple, si je veux prouver que la somme des antécédens est égale à celle des conséquens, je prends la propriété qu'il s'agit de démontrer... ; par exemple :

$$A + C : B + D :: A : B.$$

Je dis maintenant : Si cette proportion est vraie, le produit des extrêmes devra être égal à celui des moyens; on devra donc avoir $ab + bc = ab + ad$, ou, en réduisant, $ad = bc$; mais cette dernière équation est vraie, puisqu'elle n'est qu'une conséquence de la proportion

$a : b :: c : d$:; donc aussi la propriété qui y a conduit est vraie. On démontrera de la même manière toutes les autres propriétés des proportions.

DES PROGRESSIONS.

On appelle progression arithmétique une suite de termes dont la différence est constante ou la même ; ainsi,

$$\div\ a \,.\, ap \,.\, a + 2p \,.\, a + 3p \,.\, a + 4p, \text{ etc.}$$

est une progression arithmétique dont le permier terme est a, et dont la différence ou la raison est p.

En examinant attentivement cette progression, on voit que chaque terme est égal au premier, plus autant de fois la raison qu'il y a de termes avant lui ; par conséquent, si le nombre total des termes est n, le dernier, en l'appelant u, sera exprimé par cette équation :

$$u = a + p \times (n-1).$$

On voit que cette équation fera connaître le dernier terme u, sans avoir besoin de calculer les précédens. Par exemple, si l'on demandait le millième terme de la progression qui commencerait par 3, et dont la raison serait 2, on aurait :

$$u = 3 + (1000-1) . 2 = 3 + 999.2 = 2001.$$

On voit encore que l'équation ci-dessus donne la solution de ce problème général : 3 des 4 quantités, a, u, p, n, étant données, trouver la quatrième ; car il suffit de dégager la quantité énoncée ; par exemple, si c'est p qu'on veut connaître, l'équation donnera $p =$

$\frac{u-a}{n-1}$... Cette dernière formule sert à trouver tous les termes quand on connaît le premier, le dernier et le nombre total, ce qu'on appelle insérer des moyens arithmétiques entre deux nombres donnés; par exemple, si on demande d'insérer 8 moyens entre 3 et 21, on a ici $a = 3$, $u = 21$, $n = 10$: la formule devient $r = \frac{21-3}{10-1} = \frac{18}{9} = 2$. Connaissant 2, il est aisé d'écrire la progression comme il suit :

÷ 3. 5. 7. 9. 11. 13. 15. 17. 19. 21.

On appelle progression géométrique ou par quotient, une suite de termes dont chacun contient son voisin ou est contenu en lui le même nombre de fois ; la suivante les représente toutes ∺ $a : ap : ap^2 : ap^3 : ap^4 - ap^{n-1}$, parce que chaque terme est égal au précédent, multiplié par la raison p. En examinant cette progression, on voit qu'un terme quelconque est égal au premier multiplié par la raison autant de fois facteur qu'il y a de termes avant ce dernier. Ainsi, l'expression du dernier terme a sera $u = ap^{n-1}$, et servira à calculer le dernier terme sans avoir besoin de connaître ceux qui précèdent. On voit encore que cette équation $u = ap^{n-1}$ suffit pour faire connaître l'une des 4 quantités a, u, p, n, quand on en connaît 3. Par exemple, si c'est p qui est inconnue, on tire de chaque membre la racine du degré $n-1$, après l'avoir écrite ainsi $\frac{u}{a} = p^{n-1}$, et l'on a $p = \sqrt[n-1]{\frac{u}{a}}$. Cette dernière formule sert à trouver tous les termes de la progression quand on connaît le premier, le dernier et le nombre de termes; ce qu'on appelle insérer des moyens géométriques entre deux nombres donnés.

Par exemple, si on demande d'insérer 4 moyens géométriques entre deux nombres donnés; par exemple, entre 3 et 96, on aurait ici $a = 3$; $u = 96$, et la formule deviendrait $2 = \sqrt[5]{\frac{96}{3}} = \sqrt[5]{32}$; donc la progression cherchée serait ∷ 3 : 6 : 12 : 24 : 48 : 96.

FIN.

TABLE DES MATIÈRES.

FIN DE LA TABLE.

Les exemplaires requis par la loi ont été déposés.

www.ingramcontent.com/pod-product-compliance
Lightning Source LLC
LaVergne TN
LVHW012002160826
845678LV00002B/675

* 9 7 8 2 3 2 9 6 6 7 6 6 9 *